Bibliografische Information der Deutschen Nationalbibliothek:

Die Deutsche Bibliothek verzeichnet diese Publikation in der Deutschen National-
bibliografie; detaillierte bibliografische Daten sind im Internet über http://dnb.d-
nb.de/ abrufbar.

Impressum:

Copyright © 2006 GRIN Verlag, Open Publishing GmbH
Druck und Bindung: Books on Demand GmbH, Norderstedt Germany
ISBN: 9783640496334

Dieses Buch bei GRIN:

http://www.grin.com/de/e-book/139593/synthetische-muster-fuer-lokale-suchalgo-
rithmen

Michael Dienst

Synthetische Muster für lokale Suchalgorithmen

GRIN Verlag

Beuth Hochschule für Technik, Berlin
University of Applied Sciences Berlin, Germany
Bionic Research Unit, FB Maschinenbau, Umwelt- und Verfahrenstechnik

Synthetische Muster für lokale Suchalgorithmen

Beuth-Hochschule für Technik
University of Applied Sciences Berlin, Germany
FB VIII Maschinenbau, Umwelt- und Verfahrenstechnik
Fachgruppe BIONIC RESEARCH UNIT
Dipl.-Ing. Michael Dienst

Abstract. Beim biologischen Struktur- und Gestaltaufbau spielt Emergenz eine übergeordnete Rolle. Muster- und Gestaltentstehung erfolgt in einem räumlich - zeitlich verschachtelten Prozess der evolutiven Entwicklung von Generation zu Generation und einem Vorgang der ontogenetischen Individualentwicklung. Wesen verfügen über ein in evolutiver Optimierung entstandenes, fein abgestimmtes Binnenmilieu. Die rezente Forschung der BIONIC RESEARCH UNIT der Beuth-Hochschule für Technik Berlin behandelt computerbasierte, algorithmische Kalküle für die Modellierung biologischer Musterbildung mit innerer Selektion auf der Grundlage der Theorie einer Musterentstehung mit Diffusions-Differentialgleichungen.
Die Simulation biologischer Muster- und Gestaltentstehung in mathematischen und numerischen Modellen kann dazu beitragen, die Entstehung morphologischer Strukturen zu verstehen und der Übertragung von Prinzipien der belebten Natur in Technik dienen. Der vorliegende Aufsatz erklärt den evolutions-biologistischen Ansatz einer Genese simulierenden Transformation zum Einsatz in Optimierungs-strategien.

Vorüberlegungen zur biologischen Muster- und Gestaltentstehung.

In den Jahrmillionen der biologischen Evolution hat die belebte Natur eine erstaunliche Vielfalt von Mustern, Formen und Gestalt hervorgebracht. Die Vorgänge des Aufbaus und die des Vergehens von Struktur, des Wesens und Verwesens erfolgt in einem räumlich - zeitlich verwoben und verschachtelten Prozess der (vertikalen) evolutiven Entwicklung von Generation zu Generation und einem (horizontalen) Prozess der ontogenetischen Individualentwicklung. Die Entwicklung eines Lebewesens wird dabei als die Gesamtheit aller Prozesse des Form- und Funktionswechsels im Lebenszyklus eines vielzelligen Organismus angesehen. Von grundlegender Bedeutung bei der Individualentwicklung von Lebewesen sind Prozesse des Wachstums und der Differenzierung.

Beim biologischen Struktur- und Gestaltaufbau spielen emergente Prozesse, das Auftauchen neuer Qualitäten eine übergeordnete Rolle. Emergenz gründet auf hierarchisch angeordneten Struktur- und Entwicklungsstufen. Die komplexe Struktur biologischer Systeme wird in jedem Generationenzyklus neu aufgebaut, dabei entstehen räumliche Verteilungen von Substanzen, die als Signalstoffe Prozesse des Wachstums und der Differenzierung lokal steuern. Die Organisation jener örtlich verteilten lokalen Signale, die eine ortsabhängige Zelldifferenzierung bewirken, sind als sich räumlich-zeitlich verändernde dreidimensionale Muster von Stoffkonzentrationen darstellbar. Kennzeichnend für biologischen Gestaltaufbau ist der Unstand, dass Inhomogenitäten in der Stoffverteilung aus gleichmäßig verteilten Ausgangsmustern entstehen können. Stoffliche Gradienten beeinflussen den Differenzierungsprozess einzelner Zellen, bzw. Zellen in einem Zellverband und basieren auf der Wechselwirkung von Molekülen. Eine hohe Stoffkonzentration an einer Stelle in einem sich entwickelnden Gewebes kann dabei als ein Signal dienen, die Anzahl, Position und Abstand von Differenzierungsereignissen zu bestimmen.

Mathematische Modelle der Musterbildung

Die Erforschung der chemischen und informationellen Zusammenhänge während des biologischen Gestaltaufbaus waren Motiv und Anlass, die komplexen Geschehnisse in handhabbaren Modellen abzubilden um mit diesen Instrumenten die Prinzipien der Natur zu entschlüsseln. Alan Turing [Tur-52] erkannte schon vor der Verfügbarkeit erster Elektronenrechner die Wichtigkeit der numerischen Simulation von biologischen Muster- und Gestaltbildungsvorgängen. Als grundlegend auf dem Gebiet der Analyse der biologischen Musterbildung und ihrer Simulation mit Computerprogrammen sind die Arbeiten von Hans Meinhardt und Alfred Gierer anzusehen. Sie entwarfen in den 70er Jahren des vergangenen Jahrhunderts Modelle der biologischen Musterentstehung auf der Basis von Diffusionsgleichungen für den nichtstationären Fall. Meinhardt und Gierer entwickelten eine Theorie biologischer Musterbildung, die von der Erkenntnis ausgeht, dass dem biologischen Strukturaufbau Selbstorganisationsprozesse zu Grunde liegen und voraussagt, dass eine Wechselwirkung von mindestens zwei ursprünglich homogen verteilten Substanzen erforderlich ist, um ein lokales Konzentrationsmaximum zu generieren [Gie-72][Mei-82][Mei-84][Mei-01].

Diffusion. Die Basis der Meinhardt'schen Theorie bilden Diffusionsprozesse, die auf der Grundlage von Reaktionsgleichungen die Vorgänge bei der biologischen Musterbildung in mathematischen Modellen darstellen. Einfache Diffusions-gleichungen gehen von einem konstanten Diffusionsfluss über eine kleine Wegstrecke δs aus:

$$- D\ \delta(X)\ /\ \delta s\ =\ const \qquad\qquad (1)$$

Mit D [cm²/s], dem Diffusionskoeffizienten und dem Konzentrationsgradienten $\delta(X)/\delta s$. Reaktionsgleichungen 2. Grades beschreiben die Dynamik (zeitliche Änderung im nicht stationären Fall) einer Konzentration eines Stoffes X als Funktion der Zeit t und des Ortes.

$$d(X) / dt = f(X,Y, ...) + [\ D \ \ \delta^2(X) / \delta s^2 \ ] \qquad\qquad (\ 2 \ )$$

Die Funktion f(X,Y,...) beschreibt den Reaktionsteil. Instationäre Diffusion besagt, dass der Diffusionsfluss nicht als konstant angesehen werden darf. Die Diffusion stellt eine Beziehung zwischen zeitlichen und örtlichen Konzentrationsunterschieden dar.

$$[\ D \ \ \delta^2(X) / \delta s^2 \ ] \qquad\qquad (\ 2.1 \ )$$

Sie stammt aus dem 2. Fickschen Gesetz [Mor-03] und beschreibt die Diffusion für den instationären Fall (in Erweiterung des 1.Fickschen Gesetztes, das einen zeitlich konstanten Diffusionsfluss beschreibt).

$$\Delta = \delta^2 / \delta x^2 \ + \ \delta^2 / \delta y^2 \qquad\qquad (\ 2.2 \ )$$

Verallgemeinernd mit dem Laplace- Operator für den zweidimensionalen Fall (ebene Diffusion), folgt die instationäre Diffusion eines Stoffes. Diese Gleichung bildet die Basis der Theorie von Meinhardt und Gierer.

$$d(X) / dt = \ f(X,Y, ...) + [\ DX \ \Delta(X) \ ] \qquad\qquad (\ 3 \ )$$

Ist die homogene Verteilung der Stoffe instabil, reichen zufällige Schwankungen oder minimale Asymmetrien aus, um eine Musterbildung zu initiieren. Ein einfaches Musterbildungsmodell aus Reaktionsteil und Diffusion, in dem lediglich zwei Stoffe am Prozess beteiligt sind, beschreibt einem langsam (oder garnicht) diffundierenden Aktivator A, der zunächst stochastisch in bestimmten Zellen einer Gewebeschicht gebildet wird. Dieser Aktivator verstärkt seine eigene Bildung autokatalytisch und induziert gleichzeitig die Entstehung eines rascher diffundierenden Inhibitors H, der aufgrund seiner größeren Reichweite die Aktivatorbildung in der Umgebung der „aktivierten" Umgebung verhindert. Für das ebene Zweistoffsystem aus Aktivator und Inhibitor gilt als Basisbeziehung für Stoffwechselwirkung und Diffusion:

$$\delta(A) / \delta t \; = \; \rho A \; (A^2 / H - A) + [DA \; \Delta A] \qquad (3.1)$$

$$\delta(H) / \delta t \; = \; \rho H \; (A^2 - H) \qquad + [DA \; \Delta H] \qquad (3.2)$$

Die Reaktionsteile f(A,H) der Gleichung (2), hier die Produktionstherme für Aktivator $f(A,H)A = \rho A \; (A^2 / H - A)$ und Inhibitor $f(A,H)H = \rho H \; (A^2 - H)$ beschreiben die Stoffwechselwirkungen: Autokatalyse, Kreuzkatalyse sowie Zerfallsprozesse. Die Produktionsterme f(A,H)A und f(A,H)H können nun für die Modellierung der unterschiedlichen Szenarien der beobachteten biologischen Musterbildung determiniert werden. Es ist offenbar, dass die autokatalytische Produktion nichtlinear sein muss (mindestens A^2). Inzwischen existiert eine Schar von Diffusionsmodellen, die sehr gut etwa die biologische Musterbildung, die Dynamik chemischer Vormuster bei der Embriogenese und ganz allgemein grundlegende Mechanismen der des biologischen Gestaltaufbaus simulieren.

Die Herangehensweise Meinhardts ist konsequent wissenschaftlich-analytisch. Die beobachtete Natur, das gut untersuchte biologische System, der beschriebene Prozess der biologischen Musterentstehung, wird in einem komplexen Modell abgebildet und dient dazu, die Wechselwirkungen, das stoffliche und informationelle Geschehen, die Rückkopplungen und Selbstorganisationsvorgänge zu erklären. Die

Entwicklungsabsicht der Meinhardt'schen Modelle ist die die Simulation einer biologischen Wirklichkeit.

Die Genesetransformation

Abstraktionen sind der Stoff, aus denen die wissenschaftliche Bionik Lösungen generiert. Die Idee einer Transformation, die ein System aus einen einfachen, homogenen Zustand in eine komplexe Zielformation verwandelt, verfolgt eine andere Intension als die die Wirklichkeit beschreibenden Modelle Meinhardts. Nicht die Abbildung, sondern die Herbeiführung von Selbstorganisation in einem Modellsystem ist hier das Motiv. Ganz im Sinne der Bionik, als einer Wissenschaft, die die Phänomene der belebten Natur entschlüsselt um biologische Gestaltungsprinzipien auf Technik, oder allgemein ausgedrückt, auf Künstliches zu übertragen, unterscheidet sich die hier beschriebenen Herangehensweise bei der Entwicklung der „Genesetransformation".

Der Satz „Gänseblümchen lösen keine Differentialgleichungssysteme" führt auf eine Arbeit von James Lovelock [Lov-88] zurück, in der mit einfachsten mathematischen Modellen die komplexen Rückkopplungsszenarien der Entwicklung eines ganzen (unseres) Planeten simuliert werden. Hier werden diskreten Einheiten (Gänseblümchen) die Fähigkeit zur lokalen Reaktion und der Änderung ihrer binärer Eigenschaften zugeschrieben und das Verhalten des Gesamtsystems beobachtet. Diese „Daisy-World" genannte Anordnung finiter Akteure funktioniert analog einem ebenen Spielfeld Zellulärer Automaten und liefert grundlegende Erkenntnisse über sich selbst organisierende Systeme und adaptive Rückkopplung, sobald die Spielfelder genügend groß und die Beobachtungszeiträume lang genug sind.

Die Entwicklung der Genesetransformation verfolgt einen biologistischen Ansatz. Betrachten wir dazu einige markante Merkmale biologischer Szenarien in denen Muster- und Gestaltentstehung stattfinden und stellen den Beobachtungen einen abstrakte Begriffe hinan.

Zellen. Die Akteure in Szenarien biologischer Musterentstehung sind Zellen. Die bemerkenswerteste Eigenschaft einer Zelle ist ihre Systemgrenze. Erst die Diskretheit einer Zelle, ihre Abgeschlossenheit, mithin ihre Zellwand, ermöglicht die Verarbeitung und Speicherung von Stoffen und Information, beispielsweise die Translation genetischer Signale in Proteine und Enzyme, oder den Aufbau lokaler Stoffgradienten. Zellen bilden eine abgeschlossene materielle, energetische und informationelle Einheiten: Entitäten. Sie sind diskrete Akteure mit finiten Eigenschaften, den Attributen dieser Einheiten. Diese Eigenschaften legen den Entitätstyp der finiten Akteure fest.

Gewebe. Zellen bilden Gewebe aus. Ein Gewebe besitzt Eigenschaften, die eine einzelne Zelle nicht entwickeln kann. Gewebe entsteht in einem sukzessiven Prozess. Die Vorgänge beim biologischen Gestaltaufbau können ein-, zwei- oder dreidimensional, singulär oder kollektiv, periodisch oder aperiodisch, synchron oder asynchron, parallel oder lateral sein. Die biologische Muster- und Gestaltentstehung wird von Zellen getragen und findet auf der Ebene des Gewebes statt: Gewebe ist die Matrix finiter Akteure. Eine Schar (Gruppe) von finiten Einheiten gleichen Entitätstyps werden als Entitätsmenge zusammengefasst.

Botenstoffe. Zellen in einem Gewebeverbund besitzen die Fähigkeit, ein Kommunikationssystem auszubilden. Lokale Wechselwirkungen zwischen Zellen erfolgen in erster Linie über Moleküle. Dabei können Botenstoffe über das dreidimensionale Gewebe große Konzentrationsunterschiede aufweisen und die Ausbildung stofflicher Gradienten kann in Geweben mit Zellen gleicher genetischer Ausstattung stattfinden: Obwohl die finiten Akteure dieselbe (globale) informationelle Ausrüstung besitzen, ihr Entitätstyp gleich ist, können Stoff- und Information verarbeitende Prozesse zu (Zustands-) Gradienten führen.

Instationarität. Die Wechselwirkungen zwischen Zellen sind eher kontinuierlich und weniger ad hoc. Botenstoffe diffundieren durch das Gewebe. Dennoch können Prozesse der zellulären Signalverarbeitung dann diskontinuierlich sein, wenn Reaktionen auf einen Botenstoff an Schwellwerte, (Filter-) Banden oder die Überwindung von Potentialwällen geknüpft sind. Der primäre Vorgang und damit eine Erzeugendenstrategie für nichtlineare Zielgrößen bleibt aber die Kumulation und Superposition von Stoffen. Auf unsere „Gänseblümchen-Metapher" übertragen bedeutet dies, dass unter materiellen, stofflichen Bedingungen Multiplikation die sukzessive Anwendung der Superposition (auf Stoffe) ist, Potenzieren durch iterative, sukzessive Superposition (von Stoffen) dargestellt werden kann. Nicht nur für Gänseblümchen gilt: auch lineare (Zustands-) Gradienten können zu instationären Prozessen führen.

Komplexität. Kommunikation zwischen zwei finiten Entitäten ist in einem günstigen Fall bilateral. Zellen in einem Gewebe sind Akteure und Rezipienten; sie „senden" Stoffe und „empfangen" Stoffe. Der Abgang und der Empfang von Stoffen hat Einfluss auf den Status der Zustandsgrößen der Einheiten. Die Simulation kommunizierender Zellen führt auf ein Modell Signale austauschender finiter Objekte in einem Netzwerk. Abhängig von der Zahl der Wechselwirkungspartner kann die Gestalt dieser Netzwerke ein-, zwei-, drei-, oder hyperdimensional sein. Die Konnektivität (Zahl der Wechselwirkungspartner) finiter Entitäten wächst dabei exponentiell [McC–65]. In den Computerwissenschaften haben sich für die numerische Behandlung von Problemen mit zellulärem Aufbau einige Standards bez. Nachbarschaften- und Wechselwirkungstopologien etabliert. Die Tabelle zeigt eine Auswahl einfachster Konventionen.

Dimension und Konnektivität finiter Entitäten			
Dimension		**Wechselwirkungspartner**	
		Anzahl / mathematisches Modell	Beispiel, belebte Natur
DIM = 1	Linie	2 (Zeit-/ Ortsdiskretes Signal)	Braunalge
DIM = 2	Fläche	4 (kartesisch- orthogonal) 8 (Moore-Umgebung)	Flächenwachstum Blattwerk
DIM = 3	Raum	6 (kartesisch- orthogonal) 26 (3D-Moore-Umgebung)	Gastrulation und Embriogenese
DIM > 3	Raum, Hyperraum	> 26 (McCulloch- Pits-Zellen. Ramsey- Theorie)	Nervenzellen

Entwicklungsbiologische Grundlagen. Meinhardt und Gierers Theorie auf der Basis der Fick´schen Diffusionsgleichung (Gleichung (2) und (3)) entspricht in der Nomenklatur finiter Entitäten einer Behandlung der biologischen Musterentstehung auf der Ebene der Moore- Umgebung [Ger-95]. Sie ist also reichlich komplex. Die Parameter in den Diffusionsgleichungen werden so determiniert, dass die erzeugte Struktur stimmig ist. Über den Erzeugendenkontext des Diffusionsmodells macht Meinhard keine Angaben.

Ich bin der Meinung, dass auch für die Determination der Diffusion die belebte Natur Vorbild sein kann. Die Entwicklung der Algorithmen zur Simulation von Musterbildung orientiert sich am biologischen Vorbild: Die Genesetransformation verfolgt einen biologistischen Ansatz. Da in ihrer derzeitigen Entwicklungsphase lediglich das eindimensionale Linienmodell der klassischen Signalverarbeitung behandelt wird, ist auch der Ansatz für das Erzeugendensystem geringkomplex. Insofern führen die entwicklungsbiologischen Grundlagen der biologischen Musterentstehung auf ein sehr einfaches Selektionsmodell, das auf die Parameter der Genesetransformation angewandt werden kann.

Betrachten wir zunächst das klassische Zweistoffsystem: Die Parameter in den Differentialgleichungen des Meinhardt'schen Aktivator-Inhibitormodells (Gleichung (3.1) und (3.2)) werden genau so „ausgewählt und eingestellt", dass die erzeugten Muster die Vorgaben der beobachteten biologischen Systeme abbilden. In Erweiterung der Theorie von Meinhardt und Gierer sollen die (Entwicklungs-) Ursachen, das Erzeugendensystem der biologischen Vormuster, berücksichtigt werden. Dabei ist der Evolutionskontext der biologischen Musterbildung relevant. Biologische Systeme besitzen die Fähigkeit, ihre komplexe Struktur in jedem Generationenzyklus neu aufzubauen. Auf allen Organisationsebenen biologischer Ordnung tauchen phänotypische Variationen von Struktur und Funktion auf, deren Ursachen in der

Veränderung der zur Expression kommenden genetischen Information ist. Die Ursache phänotypischer Variation ist die Mutation des Genotyps. Die Expression des Genotyps in einen Phänotyp ist ein komplexer, vielstufiger Prozess der Translation und Interpretation des genetischen Materials in Funktionen stiftende Zellbausteine. Eigen erklärt diesen Vorgang als einen Prozess von ineinander verwobenen Hyperzyklen [Eig-71] bei denen durch die Expression von Genen erzeugte Stoffwechselprodukte in der Lage sind, mittelbar andere Gene gezielt ein- und auszuschalten. Mehrstufige Rückkopplungsprozesse bewirken, dass während der Embrionalentwicklung für verschiedene Zellen spezifische Gene aktiviert werden, welche ihrerseits die Zelldifferenzierung und die weitere morphogenetische Entwicklung steuern. Zellen gewinnen auf diese Weise Positionsinformationen aus den chemischen Vormustern, den morphogenetischen Gradienten; dies ist von entscheidender Bedeutung für die Entstehung komplexer Muster und Gestalt bei der Epigenese, der evolutionären Entstehung morphologischer Strukturen während der Embrionalgenese [Wol-99].

Variable Programme. Die inneren Regulationsvorgänge sind komplex, bilden jedoch aufgrund ihrer genetischen Ursache einen fixen, rekonstruierbaren Vorgang ab. Zwar ist in der embrionalen Zelle der Genotyp potentiell zielführend; d.h. ein und dieselbe genetische Ursache initiiert einen Prozess des Herausbildens einer ganz bestimmten Form oder Funktion, doch stellt der Genotyp des Individuums aufgrund seiner Fähigkeit zur Variation keine endgültige Konsolidierung der in der Zelle ablaufenden Prozesse dar. Variiert die genetische Determinierung, ändern sich auch Art und Ablauf der lokalen, zellulären Stoffwechselvorgänge und damit Art und Qualität der initiierten Form und/oder Funktion.

Inneren Selektion. Gewebe und Organe müssen im gesamten zeitlich-räumlichen Kontext des biologischen Funktions- und Gestaltaufbaus eines Lebewesens funktionieren. Von der Embriogenese bis zum Agieren des adulten Organismus in seinem abiotischen Kontext und im Habitat muss der Organismus in Bezug auf seine Untersysteme „stimmig" sein, da er sonst nicht überlebensfähig wäre (innere Passung). Ist das nicht der Fall, so kann die äußere, klassische Selektion nicht wirklich wirksam werden [Rie-75]. Das innere Milieu des Wesens unterliegt also einer permanenten funktionalen Bewertung, die kausal gekoppelt ist mit der Gepasstheit des exprimierten Organismus im Habitat. Die Stimmigkeit (Fitness) besitzt einen entsprechenden positiven Selektionswert, der über die Verbreitung der genotypischen Variante in einer Population entscheidet.

Die genotypische Adaption von Struktur und Funktion werden über zahlreiche selektionierte Zwischenstufen sukzessive verbessert. Wenn aus dieser Sicht jede Struktur und Funktion als Resultat einer (evolutiven) Adaption verstanden werden darf, dann unterliegen auch die „Parameter der biologischen Musterbildung" einer mittelbaren Bewertung. Aufgrund dieser Zusammenhänge besteht eine informationelle Rückkopplung der lokalen Parameter auf den Genotyp.

Attraktoren. Alle für Strukturen und Funktionen eines Lebewesens verantwortlichen Stoffwechselvorgänge bilden in ihrer Gesamtheit eine hochdimensionale, für ein bestimmtes Lebewesen typische Qualitätslandschaft. Die Metapher „Landschaft" ist dabei sehr hilfreich. Offenbar existieren embrionale Entwicklungspfade, so genannte „epigenetische Attraktoren", denen das Wissen, wie der fertige Organismus auszusehen und zu funktionieren hat, inhärent ist. Sie sind beim biologischen System geeignet, eine „äußere Adaption" zu realisieren, indem sie einen Organismus - im Sinne darwinscher Evolution - erfolgreich in einem Habitat agieren lassen. Die Evolution verläuft im Rahmen dieser vereinfachenden Vorstellung weitgehend kontinuierlich.

Anders als in einer modellhaften Wirklichkeit ist in der Realität das gesamte Wechselwirkungsgeschehen, die energetischen, stofflichen und informationellen Beziehungen der Lebewesen in deren abiotischen Kontext, in ihrem Habitat und in den Lebensgemeinschaften mit anderen Lebewesen ausgesprochen komplex. Wesen stehen nicht allein passiv unter externen Einflüssen, sondern sie beeinflussen umgekehrt auch aktiv ihre Umwelt. Die Bildung einer funktionellen "inneren" Struktur folgt auch solchen organismusspezifischen Bedingungen, die von äußeren Umwelteinflüssen unabhängig sind. Dies zwingt zu extrem vereinfachenden Modellannahmen.

Festzuhalten ist jedoch das biologische Prinzip, dass der Fähigkeit der Organismen zu einer Adaption an das Habitat und zur Selbsterhaltung, also der „äußeren Selektion", eine die molekularer, zellulärer und organischer Veränderungen bewertende Instanz vorausgeht. Wesen verfügen über ein fein abgestimmtes "Binnenmilieu", das einer Modellierung hinsichtlich der Evolution seins Erzeugendensystems zugänglich ist. Die Genesetransformation ist das algorithmische Kalkül diese Modells.

Simulation evolutiver Erzeugendensysteme.

Evolution ist, auf einer abstrakten Ebene betrachtet, die Entwicklung der unbelebten und belebten Natur aus ihren innewohnenden Gesetzmäßigkeiten heraus. Die biologische Evolution darf als eine Strategie verstanden werden, die im Laufe von 3,8 Milliarden nicht nur die

Phänotypen rezenter Lebewesen hervorgebracht, sondern auch sich selbst immer weiter optimiert hat.

Optimierungsstrategien nach dem Vorbild der biologischen Evolution fußen auf der von Darwin und Wallace entwickelten Selektionstheorie. Dabei wird eine äußere, über das Milieu getragene Selektion als jene ordnende Kraft in einem Evolutionsgeschehen verstanden, die die Entwicklung der Lebewesen in eine bestimmte Richtung lenkt. Als Kernmechanismen der Evolution werden Mutation und Selektion angesehen: Die auf den genetischen Code zielenden Mutationen erzeugen die Varianten eines Elter-Systems, die durch Selektion auf ihre Stimmigkeit (Fitness) mit einem bestimmten Lebensraum geprüft werden. Besser an ihre Umwelt angepasste Varianten setzen sich gegenüber den anderen durch und breiten sich in den Populationen aus.

Evolutionäre Algorithmen simulieren das natürliche Wechselspiel von Variation und Selektion und wenden es auf mathematisch modellierte Optimierungsaufgaben an. Dabei werden in einem einfachsten Szenario m Kopien eines artifiziellen Startsystems erstellt (Mutation). Zufällige Modifizierungen führen auf eine Schar von m Variationen des Elter-Systems. In jeder Generation werden alle Variationen des aktuellen Elter (in bestimmten Strategien einschließlich dem Elter, siehe [Rec-94]) mittels einer Zielfunktion einer Bewertung unterzogen, die Qualität aller Systeme wird ermittelt (Selektion). MUTANTEN und ELTER, respektive ihre Qualitäten, bilden somit ein gemeinsames Selektionsensemble. Aus der Schar bewerteter Systeme wird ein neuer, aktueller Elter für die folgende Generation erwählt. Mit der Variation dieses Elter-Systems setzt sich die Kampagne fort. Auf diese Weise steigt die Qualität des Ensembles von Generation zu Generation, bzw. fällt nicht hinter die des aktuellen Elter zurück. Evolutionäre Algorithmen sind lokale Suchverfahren für komplexe, hochdimensionale Qualitätenräume. Formal gesehen untersuchen sie den Phänotyp eines Zielsystems und zielen somit auf das „äußere Evolutionsgeschehen".

Mit evolutionären Algorithmen kann auch der Vorgang der biologischen Musterentstehung simuliert werden. Gegenstand der Optimierung ist dann das Erzeugendensystem für eben diese Muster. Evolutive Algorithmen werden dann zu Selektionsschemata der (inneren) Musterbildung eines Organismus. Genau dieses Szenario stellt die adaptive Genesetransformation dar.

Der Variation kommt bei evolutionären Algorithmen eine besondere Bedeutung zu. In unserem Szenario sollen gleichverteilt-zufällige Variationen den Objektvariablen- Vektor des Nachkommen von dem des ELTER unterscheiden. Neben den Merkmalen des als ELTER der nächsten Generation bestellten Nachkommen wird ein Strategieparameter vererbt: die Variations-Schrittweite δ. Sie ist in einfachen Optimierungsstrategien für alle Komponenten des Objektvariablen-Vektors gleich.

Zusammenfassend kann gesagt werden: ein evolutionärer Algorithmus besteht wenigstens aus den formalen Elementen:

$$(4)$$

ein	Elter	... erzeugt ...
m	Variationen (Mutanten)	... über
g	Generationen	... sowie einer ...
δ	Variationsschrittweite (Strategieparameter).	

Es muss betont werden, dass hier nur einfachste Optimierungsstrategien nach dem Vorbild der belebten Natur dargestellt werden. Mit dem Grad der Nachahmung der biologischen Evolution nimmt die Güte der Algorithmen zu. Effiziente Evolutionsstrategien und Genetische Algorithmen waren und sind aktuell Ziel intensiver Forschung und

Entwicklung [Kos-03] [Her-00] [Her-05] [Rec-94] [Sche-85] [Schw-95]. Im Falle der Genesetransformation sind Erzeugendensysteme für Muster Gegenstand der Optimierung. Sie werden durch einen Objektvariablen-Vektor repräsentiert, der die Koeffizienten der Transformation enthält. Werfen wir nun einen Blick auf Transformation im Allgemeinen.

Transformationen leisten eine Abbildung von einem gegebenen Wertebereich in einen Bildbereich. Jean Baptist Fourier behauptete im Jahre 1807, dass sich...

> *... jedes periodische Signal in harmonische Bestandteile zerlegen lässt, deren Komponenten sich in Amplitude, Phase und Frequenz unterscheiden, wobei die Frequenz der Komponenten immer ein vielfaches der Grundfrequenz ist.*

Betrachten wir zunächst die nach Fourier benannte Transformation. Ein beliebiges, aus einer Messung gewonnenes Signal sei als Messpunkte über eine Zeitachse t (oder Ortskoordinate x) dargestellt. Um die Messergebnisse weiter zu verarbeiten, ist nun die Darstellung der Amplitudenwerte a als eine Funktion wünschenswert, in folgender Form:

$$a = F(t) \qquad bzw. \quad a = F(x)$$

für das Messsignal a mit n Stützstellen.

Fourier konnte zeigen, dass eine beliebige Kurve (eindimensionales Signal) darstellbar ist, als eine Superposition mehrerer Sinus- bzw. Cosinus-Formen. Die Variablen in den Argumenten der Sinus und Cosinus-Funktionen sind die Koeffizienten der Fouriertransformation. Neben den Fouriertranformationen haben Transformationen mit nichtsinusförmigen Basisfunktionen insbesondere in der digitalen Bildverarbeitung die (diskrete) Walshtransformation (DWT) und die (diskrete) Haartransformation (DHT) an Bedeutung gewonnen [Mef-04].

Tabelle 2:   Transformationen

		Transformationskern			
Transformationen leisten die Abbildung von einem gegebenen Wertebereich in einen Bildbereich. **Transformationstypen**		Stützstellen	Koeffizienten	periodisch	harmonisch
FT	Fourier Transformation	n	$2\,n$	O	O
FFT	Fast Fourier Transformation	n	n	O	O
DWT	diskrete Walshtransformation	n	n^2	O	-
DHT	diskrete Haartransformation	n	n	O	-
GT	Genesetransformation (2 Stoff-Systeme)	n	$2\,n$	O	-
GTs	Standard-Genesetransformation	n	n	O	-
GTcos	Genesetransformation (2 Stoff-Systeme)	n	$2\,n$	O	O

Mit der Fouriertransformation FT haben DWT und DHT gemeinsam, dass das Zielsignal als eine Superposition von solchen Teilfunktionen dargestellt wird, deren Frequenz ein Vielfaches der Grundfrequenz f ist. Bei der DWT und DHT sind die Teilfunktionen konstant. Im Fall der eindimensionalen Walshtransformation besteht der Transformationskern aus einer (n x n) Matrix, so dass für ein n-dimensionales, vektorielles Signal das Frequenzspektrum n^2 Teilfunktionen enthält.

Die Genesetransformation GT besitzt Elemente beider Transformationssysteme. Die Frequenzen der Teilfunktionen sind ein Vielfaches der Grundfrequenz des betrachteten Signals (Fourier-Analogie) und sie sind konstant (Walsh-Analogie).

Ziel der Genesetransformation ist die Simulation eines Diffusionsgeschehens in Analogie zu dem Aktivator-Inhibitor-Modell von Hans Meinhardt. Wir benötigen deshalb jeweils einen lokalen Diffusionsterm für die Aktivatorsubstanz und einen für den Inhibitor. Die Genesetransformation für ein 2-Stoffsystem benötigt jeweils eine Schar von n Inhibitor- Teilfunktionen und n Aktivator- Teilfunktionen. Im Unterschied zu Fourier-, Walsh- und Haar-Transformation werden bei der Genesetransformation alle Perioden der 2n Teilfunktion bis auf die erste unterdrückt. Die Teilfunktionen selbst werden um einen (lokalen) Pol herum superponiert. Es entsteht ein kleines symmetrisches Inhibitor- und ein Aktivator- Gebirge. Die Teilfunktionen sind konstant, unterscheiden sich jedoch in den Intensitäten und den Bereichen (x-Achse, bzw. t-Achse) in dem sie verschieden von Null sind (genau eine Periode des Walsh-Signals).

Der lokale Transformationskern. Durch die Auswahl geeigneter Intensitäten der Teilfunktionen entstehen für das kleine, symmetrisches Inhibitor- und ein Aktivator- Packet unterschiedliche „Gebirgeformen"; diese Schar von Intensitäten repräsentieren den n-dimensionalen

Diffusionsterm der Transformation sowohl für den Aktivator als auch für den Inhibitor und steuern später das lokale Diffusionsgeschehen um einen Pol herum. Die Intensitäten der Teilfunktionen werden nach den Periodenlängen adressiert, so dass die kleinen symmetrischen Inhibitor- und Aktivator- Gebirge als ein geordnetes „Spektrum von Transformations-Charakteristiken" dargestellt werden können. Die Diffusionsoperation ist LOKAL. Wir superponieren jetzt das (immer) gleiche Packet von Teilfunktionen (den vektoriellen Diffusionsterm) nacheinander an jedem Ort (x=i mit 1 <= i<= dim) des Vektors; Aktivator und Inhibitor sind ja superponierbar. Die Genesetransformation für das 2-Stoffsystem im „Standard-Dialekt" schneidet alle Komponenten, die nicht in der Grundperiode liegen, ab. Jede Stelle des Grundsignals (jeder Ort) wird nun mit dem Diffusionsvektor einmal „überstreut"; die (von der Diffusion vorgefundene) Intensität des Grundsignals an einer Stelle faktorisiert das Diffusionssignal (Selbstverstärkung). Wir wiederholen diesen Vorgang n mal für den gesamten Vektor (Iteration) und beobachten, wie aus dem Grundsignal nach und nach etwas „Neues" synthetisiert wird.

Die standardisierte adaptive Genesetransformation.

Bei der Genesetransformation wird ein in spektraler Darstellung vorliegendes „global" vereinbartes Diffusionsgesetz, von den jeweiligen Intensitäten des Grundsignals abhängig, „lokal" mehrfach angewandt. Es handelt sich bei der Genesetransformation also um eine iterative „Rücktransformation einer Funktion aus dem Spektralbereich in ihren Wertebereich.

An dieser Stelle ist noch einmal ein Blick auf die Fouriertransformation hilfreich. Bei der FT lassen sich Wertebereich und Spektralbereich ineinander überführen, bzw. auseinander entwickeln; geschlossen. Diese geschlossenen Entwicklung ist für die Genesetransformation noch nicht gefunden. Die Charakteristiken der Transformation (aus dem Spektralbereich in den Wertebereich) müssen in einem Suchprozess gefunden, oder zumindest angenähert werden. Da die Genesetransformation einen biologistischen Ansatz verfolgt, wird hier die oben beschriebene einfachste Form einer Evolutionsstrategie (Formulierung (4)) verwendet. Gegenstand dieser Optimierung sind nun die in spektraler Darstellung existierenden, Charakteristiken der Transformation. Bei der Genesetransformation für 2-Stoff-Syteme im „Standard-Dialekt" kommt folgende Konfiguration zur Anwendung:

- das vektorielle Muster hat die Dimension dim= n Vektorelemente
- die Diffusionsfunktion für ein 2-Stoff-System ist mit 2n Koeffizienten, also
    - n Charakteristiken für den Inhibitor und
    - n Charakteristiken für den Aktivator determiniert,
- der Transformationskern wird auf alle n Vektorelemente angewandt,
- dieser Vorgang wird n mal iterativ wiederholt.

Die Genesetransformation wurde in der Programmiersprache PASCAL entwickelt und kann als ein Instrument für die Untersuchung der Individualentwicklung eines Musters (Ontogenese-Simulation) und das Entwicklungsgeschehen über die Zeit von Generation zu Generation (Evolution-Simulation) dienen. In der Praxis verhalten sich harmonische Transformationen gutmütiger. Gegenstand weiterer Untersuchungen sollte daher eine Überprüfung und gegebenenfalls Weiterentwicklung der Genesetransformation mit Sinus- oder Cosinusfunktionen sein. PASCAL ist als Entwicklungssprache sehr vorteilhaft; für spätere Anwendungen ist allerdings ein Code in einer objektorientierten Programmiersprache wie „C" oder einer C-basierten Hochsprache wie etwa MATLAB anzustreben. Optimierungsexperimente sollten zunächst mit der einfachsten, der so genannten $(1,\lambda)$-Evolutionsstrategie durchgeführt werden, bei der ein Elter λ Nachkommen erzeugt, aber bei der Qualitätsermittlung nicht teilnimmt (im Gegensatz zur $(1+\lambda)$-Evolutionsstrategie) [Rec-94].

Dass aus einem beliebigen vektoriellen Anfangsmuster ein bestimmtes (anvisiertes, ebenfalls vektorielles) Endprodukt entstehen kann, erfordert die Eignung des Systems zur Variation. Sie ist die zwingende Voraussetzung jeglicher Anpassung und Entwicklung; in der Technik und in der Welt der Lebewesen. Die Charakteristiken der Genesetransformation sind dieser Forderung zugänglich. Ein Maß für die Qualität einer Transformation kann ihre Fähigkeit, eine gegebene Zielfunktion zu erfüllen, sein. Gefordert werden in diesem Zusammenhang Gütekriterien für Resultate von Transformationen, die über den gesamten Verlauf einer Anpassungskampagne beobachtet werden können. Die Güte der Adaption und damit ein mittelbares Maß für die Qualität der Transformation kann über die „Ähnlichkeit" eines vektoriellen Syntheseprodukts mit einem Referenzvektor dargestellt werden. Eine Vielzahl von Ähnlichkeitsmaßen als Gütekriterien für die Musteranalyse sind aus der Signalverarbeitung bekannt [Meff-04].

Für den dargestellten evolutionsbiologistischen Ansatz der Genese-transformation in der hier verwendeten Nomenklatur gilt:

- das n-dimensionale vektorielle Syntheseprodukt repräsentiert den **Phänotypen** im Adaptionsszenario,
- die Transformation stellt das **Erzeugendensystem** dar,
- die Transformationscharakteristiken für Inhibitor und Aktivator bilden den Vektor der 2n **Objektvariablen** und die
- Ähnlichkeit zwischen Syntheseprodukt und Referenzvektor ist die **Qualitätsfunktion** der Optimierung.

Somit liegen alle „Spielsteine" für ein Modellszenario evolutiv-adaptiver Muster erzeugender Prozesse bereit.

Die nun in Zukunft vor uns liegende Aufgabe wird nun darin bestehen, den Algorithmus weiterzuentwickeln und möglichst zu vereinfachen, seine Fähigkeit zur Adaption zunächst an einfachen Signalen, später an komplexen Mustern zu untersuchen. Ein ferneres Ziel ist der Einsatz der Genesetransformation als konsolidierendes Element in einer sowohl die biologische Evolution als auch die Individualentwicklung simulierenden Optimierungsstrategie.

Bibliographie

[Con96]   Conway, J. H., Guy, R. K., (1996) The Book of Numbers. New York: Springer-Verlag, pp. 283-284,

[Cal02]   Calistrate, D.; Paulhus, M; Wolfe, D. (2002) On the Lattice Structure of Finite Games. In: More Games of No Chance. Cambridge: Cambridge University Press: 25-30.

[Die09-3]   Dienst, Mi.(2009) Artifizielle Evolution Heute. Optimieren nach dem Vorbild der Natur. GRIN-Verlag GmbH München. ISBN: 978-3-640-39858-4. ISBN (E-Book): 978-3-640-39834-8

[Die06-1]   Dienst, M., (2006) Eine Optimierungsumgebung für Genesetransformationen. In Forschungsberichte 2006 der TFH Berlin, S. 115-117. Publikationen der Technischen Fachhochschule Berlin. ISBN 3-938576-07-3

[Die05]   Dienst, M., (2005) Genesetransformation. Ein Algorithmus zur Synthese von Signalen nach dem Vorbild der biologischen Musterbildung. In Forschungsberichte 2005 der TFH Berlin, S. 190 – 193. Publikationen der Technischen Fachhochschule Berlin.

[Eig71]   Eigen, M., (1971) Selbstorganisation und Evolution. In: Naturwissenschaften Bd. 58(10), S. 465 - 523, 1971

[Ger95]   Gerhardt, M., Schuster, H. (1995): Das digitale Universum. Zelluläre Automaten als Modelle der Natur. Vieweg, Braunschweig.

[Gie72]   Gierer, A., und Meinhard, H., (1972) A Theorie of biological Pattern Formation. Kybernetic 12, 30-39.

[Her00]   Herdy, Michael, (2000) Beiträge zur Theorie und Anwendung der Evolutionsstrategie. Mensch und Buch Verlag, Berlin.

[Her05]   Herdy, Michael, (2005) Anwendung der Evolutionsstrategie in der Industrie. In Evolution zwischen Chaos und Ordnung. S. 123 – 138. Freie Akademie Verlag, Bernau.

[Kah91]   Kahlert, J. (1991) Vektorielle Optimierung mit Evolutionsstrategien und Anwendungen in der Regelungstechnik. VDI Verlag, Reihe 8 Nr. 234.

[Kos03]   Kost, Bernd, (2003) Optimierung mit Evolutionsstrategien. Harri Deutsch Verlag, Frankfurt a. M.

[Lov88]   Lovelock, J., (1988) The ages of Gaya. W.W. Norton, New York

[McC65]   McCulloch, W., (1965) Embodiment of minds. Cambridge: Cambridge University Press: 25-30.

[Mef04]   Meffert, B., Hochmut, O. (2004) Werkzeuge der Signalverarbeitung. Pearson-Studium, München.

[Mei01]   Meinhard, H., (2001) Auf- und Abbau von Mustern in der Biologie. In Biologie in unserer Zeit, (31), 01.

[Mei82]   Meinhard, H., (1982) Models of biological pattern formation. Academic Press, London.

[Mei84]   Meinhard, H., (1984) Models for positional signalling. J. Embriol. Exp. Morph. 83:289-311.

[Mon71]   Monod, Jacques, (1971) Zufall und Notwendigkeit. Piper Verlag, München

[Mor03]   Mortimer, Ch., Müller, U. (2003) Das basiswissen der Chemie, Thieme Verlag Stuttgart.

[Nie83]   Niemann, H., (1983) Klassifikation von Mustern. Springer, Berlin, Heidelberg.

[Nie90]   Niemann, H., (1990) Pattern Analysis and Understanding, Springer Series in Information Sciences 4. Berlin.

[Pru94]   Prusinkiewicz, P., (1994) Visual models of morphogenesis. Artificial Life, 1(1/2):67-74.

[Rec94]   Rechenberg, Ingo, (1994) Evolutionsstrategie. Frommann Holzboog Verlag Stuttgart- Bad Cannstatt.

[Rie75]   Riedl, R., (1975) Die Ordnung des Lebendigen. Systembidingungen der Evolution. Parey Buchverlag Berlin.

[Sche85]   Scheel, Armin (1985) Beitrag zur Theorie der Evolutionsstrategie. Dissertation, TU Berlin.

[Schw95]   Schwefel, H. – P. (1995) Evolution and Optimum Seeking. John Wiley & Sons. New York.

[Tur52]   Turing, A., (1952) The chemical basis of morphogenesis. Philosophical Transactions of the Royal Society B, 237:37-72.

[Wol99]   Wolpert, L., (1999) Entwicklungsbiologie, Spektrum Akademischer Verlag, Heidelberg

Kontakt:

Die **BIONIC RESEARCH UNIT** ist eine forschungsbezogene Fachgruppe für Lehrende und Studierende an der Beuth Hochschule für Technik Berlin und Partner für industrielle Dienstleistungen auf dem Wissensgebiet der Bionik.

Dipl.-Ing. Michael Dienst
Beuth Hochschule für Technik Berlin,
BIONIC RESEARCH UNIT / FB VIII, Maschinenbau
Luxemburger Str. 10,
D - 13353 Berlin-Wedding